動物怪異集

超過75種打破常規的怪異動物

班・霍爾 著

雅思亞・奧蘭多 繪

新雅文化事業有限公司
www.sunya.com.hk

新雅・知識館

動物怪異集
超過75種打破常規的怪異動物

作者：班・霍爾（Ben Hoare）
繪圖：雅思亞・奧蘭多（Asia Orlando）
翻譯：羅睿琪
責任編輯：黃楚雨
美術設計：徐嘉裕
出版：新雅文化事業有限公司
香港英皇道499號北角工業大廈18樓
電話：（852）2138 7998
傳真：（852）2597 4003
網址：http://www.sunya.com.hk
電郵：marketing@sunya.com.hk

發行：香港聯合書刊物流有限公司
香港荃灣德士古道220-248號荃灣工業中心16樓
電話：（852）2150 2100
傳真：（852）2407 3062
電郵：info@suplogistics.com.hk
版次：二○二四年七月初版

版權所有・不准翻印

ISBN: 978-962-08-8396-5
Original Title: Odd Animals Out
Text copyright © Ben Hoare 2023
Illustrations © Asia Orlando 2023
Copyright in the layouts and design
© Dorling Kindersley Limited
A Penguin Random House Company

Traditional Chinese Edition © 2024 Sun Ya Publications (HK) Ltd.
18/F, North Point Industrial Building, 499 King's Road, Hong Kong
Published in Hong Kong SAR, China
Printed in China

For the curious
www.dk.com

混合產品
紙張｜支持
負責任的林業
FSC® C018179

這本書是用Forest Stewardship Council®（森林管理委員會）
認證的紙張製作的——這是 DK 對可持續未來的承諾的一小步。
更多資訊：www.dk.com/our-green-pledge

目錄

導論

　　所謂「人不可以貌相」，動物界也有一些族羣，不論外貌還是行為都超乎我們預期。這些會「打破常規」的動物，行動方式跟牠們的親屬毫不相似，就以鯊魚為例吧，眾所周知，鯊魚是吃肉的捕食者，但是誰會想到原來有鯊魚是吃素的呢？

　　「另類動物」遍布全球，牠們適應環境的方式和生活習性往往怪異無比，素食鯊魚只不過是其中之一。不過，不論是什麼因素令牠們顯得格格不入，這些古靈精怪的生物的共通點都是──為了生存才會演化成如今的模樣。

　　你知道世界上有魚類能夠步行嗎？在這本書裏，你還會認識會飛的蛇、在樹上生活的袋鼠、與青蛙結成好友的蜘蛛、會釀製蜜糖的黃蜂，還有會向着月亮嚎叫的老鼠。有時候，與別不同反而好處多多呢。

　　科學家多年來發現過許多奇珍異獸，而且有一些只是在不久之前才被人們發現。對於地球上的各種生命，我們還有許多需要學習的地方，但有一件事情是無可置疑的——自然世界總是驚喜處處！

班・霍爾(Ben Hoare)

海蛇

說來奇怪，竟然有蛇會在大海裏生活。牠們棲息於印度洋和太平洋，擁有扁平的身體，以便在海中暢泳。牠們還會在水中產下活生生的小寶寶呢。

鴨嘴獸

針鼴

世界上有5種哺乳類動物會生蛋，而不是以胎生誕下小寶寶的。其中4種都是針鼴科，牠們類似刺蝟；另有1種是擁有鴨喙的鴨嘴獸。這些動物都生活在澳洲。

與別不同真不錯

我們會根據各種動物擁有共同特性的多寡，把牠們區分成不同的種類或科（family），這一門科學分支稱為分類學（taxonomy）。然而，即使是同一科的動物裏，都會有一些物種跟其他同類稍有分別，牠們別樹一幟，是打破常規的一羣。

科莫多龍

世界上僅有3種蜥蜴在咬噬時會釋出毒液，科莫多龍是其中之一，其餘2種分別是吉拉毒蜥和念珠蜥蜴。在罕有的情況下，雌性科莫多龍即使沒有雄性協助也能繁衍後代，這現象稱為「孤雌生殖」或「單性生殖」（virgin birth）。

吉拉毒蜥

念珠蜥蜴

弱夜鷹

冬眠是一種休眠狀態，有些動物要沉沉入睡一段長時間，但這習性在鳥類當中是極為罕見的。來自北美洲的弱夜鷹就是唯一會冬眠的鳥類！這種行為才能讓牠們在寒冷的冬天裏存活下來。

蓑蛾

蓑蛾（bagworms）的幼蟲確實會住在「袋子」（bag）裏——那是有偽裝作用的外殼，由小樹枝、樹皮或植物的莖部製成。另一個怪異之處，在於大部分雌性蓑蛾都沒有翅膀，有些甚至沒有腿呢。

螃蟹與海葵

海葵擁有帶刺的觸手，就像會令人疼痛的意大利粉，因此令其他生物敬而遠之。不過，也有少數生物絲毫不受海葵的毒液影響，例如瓷蟹。海葵有毒的觸手反而讓瓷蟹得到一個安全的藏身之所呢。

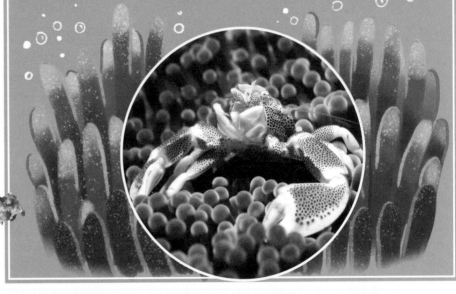

獨角鯨

獨角鯨是一種與別不同的鯨類。牠擁有僅僅一顆牙齒——又大又長的犬齒，從上唇裏伸出來，就像獨角獸的尖角一般。通常只有雄性獨角鯨才有這顆神秘的長牙，而科學家至今仍對這顆牙齒的用途爭論不休。

高山的魔法

有些蛞蝓生活在澳洲卡普塔爾山（Mount Kaputar）上，牠們的外表非常怪異，而且與世隔絕，漸漸變成長達20厘米的粉紅色龐然大物。牠們為何擁有一身螢光色彩仍是個謎，其中一種理論認為，因為這種蛞蝓生活在偏遠的山峯上，那裏沒有捕食者的威脅，所以牠們就不需要低調的外表來躲藏了。

卡普塔爾山粉紅蛞蝓

奇特的棲息地

動物往往會在特定的棲息地裏建造家園，不過有時候如果牠們抵達不尋常的環境，也會讓自己適應下來，配合周遭的事物。從蜥蜴游到海中，以至袋鼠爬到樹上，這些生物竟會在各種各樣令人意想不到的地方裏生活！

維他命海洋

海鬣蜥是地球上唯一喜愛海洋的蜥蜴。牠們生活在位於熱帶的加拉帕戈斯羣島（Galapagos Islands），平日會在黑色的岩石上享受日光浴來讓體溫升高；變得精力充沛後，牠們便會潛入波光閃閃的大海裏，進食營養豐富的綠藻。這種會游泳的蜥蜴能夠屏住呼吸最少10分鐘！

海鬣蜥

金毛鼴

沙漠裏的黃金

夜闌人靜，一種古怪的哺乳類動物在非洲沙漠裏急匆匆地穿梭，牠們沒有眼睛，披着一身如絲光滑、色澤如牛油多士的毛髮。這是金毛鼴，能夠在沙子裏「游泳」，穿過沙漠表層到處移動。雖然牠們被稱作鼴鼠，但最相近的親戚卻包括馬島蝟（生活在非洲馬達加斯加的小型哺乳類）和嬌小的象鼩。

盧氏樹袋鼠

樹袋鼠有「森林裏的泰迪熊」之稱，因為牠們擁有一身豐厚的毛髮和一張圓滾滾的臉，活像一頭熊。

森林裏的雜技演員

很久以前，其實所有袋鼠都是生活在樹上的，而少數袋鼠至今仍未離開！這些雨林裏的生物——樹袋鼠出沒於新幾內亞、印尼和澳洲北部。一般在地面跳躍的袋鼠必須讓兩條後腿同時移動，但樹袋鼠就能夠分開挪動每條後腿，這有助牠們往上攀爬，遠離森林的地面。

怪誕企鵝

企鵝是世界上最堅毅的鳥類，大部分企鵝都必須應付酷寒刺骨的環境，還有持續肆虐多天的暴風雪。不過，凡事總有例外……

完全的熱帶生物

實際上，世界上只有5種企鵝會在南極洲繁殖後代，其餘的企鵝都棲息在南半球周邊的海岸地區，而那兒的海洋仍是相當寒冷。然而，有一種企鵝卻會在熱帶的烈日下，穿梭於閃耀的蔚藍海洋裏！加拉帕戈斯企鵝的名字來自赤道附近的太平洋群島，而且除了企鵝外，還有其他非比尋常的動物同樣擁有這個名字，包括巨大的象龜、吃海草的蜥蜴、紅鶴等。

加拉帕戈斯
企鵝

保持涼快

當大部分企鵝要長期面對如何保持溫暖，加拉帕戈斯企鵝卻擁有相反的難題，那就是：如何避免自己過熱。因此與其他企鵝相比，牠們身上的羽毛較少，隔熱保溫用的脂肪也少得多，而且牠們為了令自己涼快一點，還會像小狗一般大口喘氣！

雨林裏的企鵝

企鵝也會搖搖晃晃地穿越雨林嗎？這聽起來不可能發生，卻是千真萬確的！毛利企鵝又稱峽灣冠企鵝，牠們會前往新西蘭南島海岸，在互相糾纏的巨大老樹根部之間築巢。這片珍貴的棲息地稱為溫帶雨林，這裏極為潮濕，不過總比其他位於熱帶的雨林都涼快得多。

毛利企鵝是罕有的企鵝。科學家相信能繁殖下一代的毛利企鵝只餘下2,500至3,000對，不過我們難以核實，因為牠們居住的雨林實在太偏遠了！

毛利企鵝

遠離繁囂

如果你要探訪大批企鵝繁殖的地方，在抵達之前你早就會嗅聞到企鵝的氣味、聽見牠們的叫聲。一般企鵝的繁殖地點大都臭氣熏天，大家又擠又忙，既爭吵又嗚叫，嘶叫得像驢子一般。但毛利企鵝卻安靜又害羞，企鵝夫婦都會選擇到遠離鄰居的地方共築愛巢。

深入地底

紫蛙

科學家偶爾會遇上一些非常古怪的動物，令他們驚訝不已。紫蛙就是其中一個例子，牠們仿似鼴鼠。從前只有當地的居民，才會認識這種生物。

一片紫色

印度的西高止山脈是一片古老的山地，比喜馬拉雅山的歷史還要久遠。那裏是發現奇特生物的熱點，那些生物在地球上其他地方都絕無僅有。不過說到古怪程度，沒有生物能跟紫蛙相提並論。這種又胖又矮的兩棲類動物一輩子都躲在潮濕的山區土壤裏，只會在繁殖時才在地面上現身。

圖中這一隻是雌性紫蛙，身體長度大約是雄性的 3 倍。

第一次豪雨後，雄性紫蛙會呼喚雌性離開地底。

體型較小的雄蛙會騎在體型較大雌蛙背上。雌蛙的大小就像一個壓扁了的網球。

地底生活

紫蛙身上獨有的色彩還未算是最奇異。除此之外，牠的身體扁平又粗糙，頭部卻很小，看起來和身體並不相配。牠粗短的前肢專門為挖掘洞穴而設，但盡管肌肉發達，卻無法撐起牠下垂的大肚子。而牠的口鼻是尖尖的，會像豬一樣四處嗅聞，來找出白蟻在哪裏。

重要的晚間約會

印度的季風帶來傾盆大雨的季節，隨着水位上升，小溪變成急流，紫蛙終於可以繁殖後代了。雄蛙和雌蛙只會冒險走出地面一個晚上，來到溪流中交配，然後再次消失無蹤。牠們的蝌蚪長有吸盤狀的嘴巴，用來攀附在石頭上，否則洪水便會將蝌蚪沖走了。

交配過後，每一隻雌蛙都會在溪流中產下數千顆蛙卵。 ⟶ 紫蛙返回地底，度過下一年。

穴鴞

穴鴞打破了所有常規！牠們不論日夜都能保持活躍，而全賴一雙修長的腿，寧可跑步也不願飛行。不止如此，牠們還會在地底築巢。這種生物住在滿布沙子的平原上，在那裏，牠們能夠輕易挖掘出一個地洞。不過，牠們還是喜歡翻新重用由陸龜或草原犬鼠曾挖掘過的地洞。

水中驚奇

淡水和鹹水是完全不同的，只要問問任何一位曾喝下一大口海水的人便會知道了！動物需要特別的適應方式來面對每一種水體環境，因此我們很少發現在淡水和鹹水環境中都能生存的物種。

巨大的遠親

古代的海洋滿布了駭人的爬蟲類動物，包括長度有如雙層巴士的巨大鱷魚。這些巨大鱷魚最終和恐龍一同滅絕了，不過牠們的後代灣鱷，至今仍能在太平洋的東南部暢游。牠們是世界上現存最巨大的爬蟲類動物，口鼻滿布鱗片，尾巴強而有力，有些體型龐大的雄性灣鱷從鼻到尾，長度可達5米以上啊！

灣鱷

不懼鹹水

澳洲人稱呼灣鱷作「salties」（鹹水鱷），因牠們不論在海岸還是河流沼澤裏都能過得愜意自在，有些船隻曾目擊灣鱷遠遠在開放的海域裏乘浪前進。對動物來說，在淡水區和大海之間往來是很危險的，因為這樣會影響體內的鹽分平衡。然而，灣鱷能夠透過大舌頭裏的腺體，將多餘的鹽分排出體外。

小心鯊魚！

公牛鯊是大白鯊的親屬，牠們肌肉發達，強而有力。科學家對於公牛鯊游進河口、向着遠方上游前進的習性感到疑惑不已。即使是淺水、渾濁昏暗的水域，對公牛鯊也不成問題。我們如今逐漸知道，公牛鯊與其他鯊魚不同之處，是會在淡水和鹹水區域之間遷徙，而這很可能是為了覓食和繁殖。

有人曾在位於秘魯的亞馬遜河上游3,700公里處發現公牛鯊。在中美洲，公牛鯊甚至會游進當地的湖泊中。

公牛鯊

貝加爾海豹

在俄羅斯有一些野生的貝加爾海豹住在距離大海最少數百公里的地方。牠們的家園位於貝加爾湖，那是地球上最深也最古老的湖泊，盛載着地球表面超過五分之一的淡水。貝加爾海豹的祖先很久以前也是生活在海洋裏的，當時很可能沿着河流游到貝加爾湖去。

15

瘤船蛸

助浮工具

船蛸也許是地球上最古老的章魚（八爪魚）。其他所有的章魚都是毫無防備的，任由柔軟的身體展露人前，但雌性船蛸卻擁有螺旋狀的外殼。這種美麗的外殼就跟紙巾一樣薄，是盛載船蛸卵的容器；裏面也充滿了空氣，讓船蛸能夠沿着海面附近快速上下移動。

改頭換殼

在數百萬年裏，動物不斷改變自己來適應身處的環境。牠們林林總總的適應方式都是大自然的奇觀，舉個例子，試想想硬殼吧。一說到海龜和蝸牛，你首先會想到的就是牠們身上堅固的盔甲。不過動物的外殼卻是各不相同的……

柔軟的大個兒

海龜的外殼覆蓋着角狀的鱗片，這些鱗片能將海龜保護周全，不過卻不能透氣幫助海龜呼吸。因此，有些海龜品種在很久以前已不再擁有這些鱗片，取而代之，牠們長出了一種皮革似的外殼，即使在水中，也能夠透過這種外殼呼吸。鱉（軟殼龜）也會透過仿似潛水呼吸管的嘴巴呼吸，牠們連屁股也能呼吸啊！

刺鱉

涼快極了

你一定不會認錯小鎧鼴，因為牠們是唯一擁有粉紅色外殼的哺乳類！牠的外殼擁有許多柔韌的關節，就像龍蝦一樣。其他犰狳的親屬會利用外殼抵禦敵人，不過小鎧鼴是用來將溫暖的血液輸送到外殼裏，在熾熱沙質平原生活時，就能保持涼快。

小鎧鼴

寄居蟹

合身的外殼

寄居蟹不能夠自行製造外殼，相反，牠們會借用其他動物的外殼。當海螺死去，便會留下空蕩蕩的外殼，因此寄居蟹只需要找出一個大小合適的外殼，再擠進殼裏就成了。當寄居蟹長大了，現有的外殼變得狹小，牠們便會捨棄外殼，爬出去尋找另一個更合身的來替代。

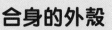

快高長大

兩棲類動物一生中擁有兩種截然不同的生活方式。牠們的生命始於淡水，然後轉化為成年時，會在陸地上跳躍、蹣跚前進或爬行。牠們經歷的神奇變化叫做「變態」(metamorphosis)，不過，有些兩棲類動物卻想走不一樣的路……

墨西哥鈍口螈

古怪的傢伙

蠑螈是擁有長尾巴的兩棲類動物，人們常將牠們誤認作蜥蜴。其中最古怪的成員，就是墨西哥鈍口螈了。牠們來自墨西哥的一個湖泊，當牠們成年後，你以為牠們會從湖中爬出來，前往森林或沼澤裏生活嗎？事實並非如此，相反，牠們一輩子都會留在同一個湖泊裏生活，用牠們短短胖胖的腿，在泥濘的湖底上爬行。

墨西哥鈍口螈總是掛着一個大大的笑臉！牠們巨大的「微笑」嘴巴，最適合吞吃蠕蟲了。

完好如初

受傷對動物來說是足以致命的，不過墨西哥鈍口螈只需要重新長出失去了或受損的身體部分就可以了。需要一條全新的腿？沒問題；新的尾巴？輕而易舉啦。不僅如此，牠還能替換眼睛、鰓部和肺部，還能修復腦部的一小部分。全新的器官運作完美無瑕，彷彿從未發生任何事情。

多指節蛙

父母的體型一般都會比子女大，不過多指節蛙卻不是這回事。牠們的蝌蚪一開始和其他的差不多，不過會不斷長大，直至比一枝餐叉還要長！變成龐然大物的蝌蚪接着會慢慢縮小，變成一隻青蛙時，最終體型只有蝌蚪的3分之1。

卵

幼體

長出兩條腿的幼體

成年蠑螈

永保青春

墨西哥鈍口螈的卵是產於水中、貌似果凍的。牠們在水裏的卵中孵化，幼體的外形也相當普通，這是兩棲類動物完全正常的過程，不過接下來的事情卻肯定非同尋常。當幼體步向成年時，會保留着幼體的所有特徵，例如那6根羽毛狀的小臂，其實是鰓，讓牠們能夠在水中呼吸。雖然牠們可以生存約10至15年，不過你也可以說墨西哥鈍口螈永遠不會長大。

野生墨西哥鈍口螈

大放異彩

大部分墨西哥鈍口螈長有一身粉嫩的粉紅色，怪異之處是牠們在圈養的環境中繁殖下，才會長成這種模樣。野生鈍口螈是灰綠色的，身上有深色斑點，這讓牠們能在布滿水草的湖裏更隱蔽地躲藏起來。由於墨西哥鈍口螈屬於極危動物，如今在水族箱裏保育的粉紅色品種，數量比膚色較深的野生品種多得很。

斑點鈍口螈

綠色行動

植物全靠葉綠素這種神奇綠色物質，才能進行光合作用。動物體內雖然沒有葉綠素，但如果牠們能夠借用一下又會怎樣呢？那正是斑點鈍口螈的行動：牠們會讓水藻這些微小的綠色植物在自己的身體裏生長，然後享受它們製造出來的食物。大海裏的珊瑚也會這樣做，然而以脊椎動物來說，斑點鈍口螈是唯一成功做到的。

陽光力量

太陽是驚人的能量來源，植物也要依靠太陽光才能生存。「光合作用」這種化學反應就需要太陽光來提供能量，植物正是透過光合作用來製造食物。令人驚歎的是，有些動物也懂得進行光合作用……

迎接貴賓

斑點鈍口螈最初怎樣得到體內的水藻呢？原來在春天裏，雌性蠑螈會在池塘裏產下果凍狀的卵，而那裏正是布滿水藻。水藻沒多久便會進入蠑螈的胚胎體內，將整顆卵變成鮮亮的綠色！這些微小的貴賓進入胚胎後，便會一直留在原地，並跟隨着胚胎變成幼體。

尋找藻類

有幾種海蛞蝓大口吃下許多藻類，便能夠運用太陽的能源。這些海蛞蝓全都是綠色的，大部分都擁有仿如粗硬毛髮的古怪外表，或者扁平得像葉片，因為這種外形能增加表面面積，以便吸收更多陽光，推動體內進行光合作用。而看起來像耳朵的部分其實是一個敏感的器官，稱為嗅角，有助尋找新鮮的藻類。

這是葉羊，牠會沿着螺旋形，以逆時針方向旋轉來產卵。

蒿苣海天牛

羊模羊樣

海蛞蝓為何叫做「葉羊」，可說一目了然。因這些生物就像真正的羊一般進食，儘管牠們吃的是藻類而不是青草。不過牠們不會將藻類徹底消化掉，而是保留含有葉綠素的部分（葉綠體）。葉綠體會附加在葉羊自己的組織裏，海蛞蝓就這樣偷偷摸摸地變成以太陽能推動了！

「葉羊」只能夠生活在淺水的區域，因為牠們需要大量陽光。

葉羊海蛞蝓

大熊貓

六指在握

因為竹子營養不太豐富，大熊貓會拿着竹子不斷大吃特吃……先等一等，這肯定會出問題吧？因為所有哺乳類之中只有猿猴能夠抓握物件，這全靠牠們那根拇指，能夠向着其他手指屈曲。偏偏熊科的爪是無法抓握物件的！不過，大熊貓並非一般的熊，每隻前爪上都長有第六根手指，它能幫助拾起物件。

緊抓物件

大熊貓「額外的手指」比我們所見的更有趣。它不是真正的手指，因為裏面並沒有指骨。事實上它只是手腕其中一塊骨頭的延伸。這根偽拇指並不能像人類拇指那般旋轉，不過它強壯又靈活，足以協助大熊貓每天吃掉相等於體重一半的竹子。

心靈手巧

我們人類靠手上的 4 根手指和 1 根拇指好好湊合、好好過生活。不過，有些動物的身體和手部構造不一樣，也可能更加得心應「手」、好用就「手」啊。

棕熊　　　　　　　大熊貓

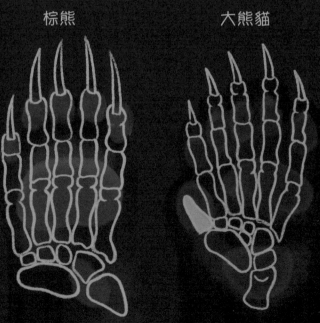

指猴

詭異的手指

沒有其他哺乳類比指猴更古怪,指猴的所有特點都與眾不同,特別是手指。牠們的第四根手指極為修長纖瘦,而且異常彎曲,像金屬線一樣。指猴會用這手指敲打樹木,同時傾聽樹皮下有沒有空洞聲音,如有,就能判斷那是來自甲蟲幼蟲鑽出來的隧道。接着,牠便會去戳出肥美多汁的蟲蟲大餐了。

驚人的是,指猴和人類同樣是靈長類動物。牠屬於馬達加斯加的環尾狐猴科。

拇指

偽拇指

首屈一指

指猴不斷令科學家感到驚訝。2019年,研究人員發現,指猴的手掌側面原來額外有一根細小的拇指,之前從來也沒有人留意到。這根神秘的偽拇指是由骨頭和軟骨形成的(軟骨就是你的鼻端那種較柔軟的組織),它讓指猴能夠抓牢樹稍,這是其他骨質的手指較難做到的。

黑白疣猴

有時候拇指會帶來麻煩。如果你是猴子,當從一棵樹跳到另一棵樹時,拇指會妨礙你的動作,因此非洲的黑白疣猴便過着沒有拇指的生活。牠們的拇指細小得難以看見——看起來每隻手只有 4 根手指。沒有了拇指,牠們就能在森林裏移動得更迅捷。

奇異色彩

鳥類非常擅長炫耀自己，牠們一身繽紛華麗的羽毛能吸引異性，或是發出警告信息。不過你有沒有想過，為什麼鳥類的羽毛會長成如今的模樣呢？原因可能令你大為驚訝！

非凡的綠色

蕉鵑是世界上唯一真正綠色的鳥。其他鳥類例如鸚鵡，也許看起來是綠色的，但那其實並不是真的綠色。鸚鵡的羽毛裏沒有綠色的色素，只是因為羽毛表面反射的光而看似是綠色的。

天賦異彩

大部分鳥類羽毛的色彩都源自色素，這些類似染料的物質廣泛存在於自然世界。有些色素是鳥類自行製造的，不過有些色素則是來自牠們的飲食，例如紅鶴之所以是粉紅色的，全因牠們進食的蝦子與微細藻類。生活在非洲、大小和鴿子相若的蕉鵑，則擁有一種非比尋常的色素，它不曾出現在任何鳥類，甚至任何動物身上。當中的神秘成分是什麼？那就是銅！

紅色警報

蕉鵑棲息在森林深處，與周遭的綠色植物融為一體。但當牠們飛行時卻是另一回事。牠們的翅膀輕盈地展開，散發出來的閃動紅光令人眼花繚亂。這可能有助吸引其他蕉鵑的注意，如果在棲息地有捕食者出沒，而牠們需要通知同伴迅速逃離的話，這種信號就很方便了。

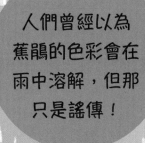

人們曾經以為蕉鵑的色彩會在雨中溶解,但那只是謠傳!

白梢冠蕉鵑

富含銅的鳥

蕉鵑愛吃水果和汁液充沛的嫩葉,因為它們都含有豐富的銅,這種金屬元素會被身體吸收,形成兩種獨特色素的重要成分。其中一種稱為蕉鵑素,會令羽毛變成綠色;另一種是羽紅素,會將羽毛變成紅色。蕉鵑進食的新鮮水果和葉子越多,牠們的羽毛色彩便越鮮艷。

蒲桃

柯莫德熊

北美洲的黑熊以一身醒目的深色毛皮而知名,但有少數黑熊卻擁有奶白色的毛皮,看起來更像北極熊。牠們叫柯莫德熊,一身幽靈般的色彩並不是因為患上了白化症,而是另一種遺傳疾病。牠們只棲息於加拿大西岸的大熊雨林,那裏存活的只有數百隻。

肉食動物 嚇你一跳

禿鷲蜜蜂

每個動物科目的成員一般都有着相似的飲食習慣。不過，凡事總有例外！這裏為你介紹一些出人意料的動物，牠們都已厭倦了當素食者，搖身一變成為了肉食動物。

牙尖齒利的蜜蜂

一般蜜蜂從花朵獲得食物，不過南美洲的禿鷲蜜蜂卻是肉食動物。牠們仍會尋訪雨林中繁花的花粉，但牠們身體所需的大部分蛋白質都源自肉類。這些蜜蜂追蹤死去的動物屍體，並利用牙齒狀結構切割腐爛的肉。回到蜂巢後，牠們會將一口又一口的肉用來餵飼幼蟲。

食蝗鼠

強大的小鼠

在美國和墨西哥的沙漠周邊，住着最致命的齧齒動物。食蝗鼠看起來就像橫街窄巷的老鼠一般，不過稍安無躁……牠們會捕獵草蜢、其他鼠類甚至蠍子，而蠍子的毒液對牠不痛不癢。奇怪的是，食蝗鼠會向夜空嚎叫來捍衛自己的領地，就像狼一樣！

肉食糞金龜

斷頭攻勢

糞、屎、便便……無論你怎樣稱呼它，那都是糞金龜的最愛！這種臭氣熏天的大餐迎合全世界數千種糞金龜的口味，不過有少數糞金龜已變成了捕食者，其中一種來自中美洲的，就會攻擊馬陸。但由於牠們缺乏大部分捕食性昆蟲擁有的口器，牠們會利用鑿子般的頭部，切下馬陸的頭部！

啄羊鸚鵡

提防利喙

人們認為最不可能找到鸚鵡的地方會是新西蘭高山的山頂。不過大家又一次錯誤了，啄羊鸚鵡是一種非常奇特的鸚鵡，牠全賴鋒利的喙部，能夠開懷大嚼動物的屍體（包括綿羊和被車輛撞死的野生動物）。啄羊鸚鵡也非常膽大妄為，牠們經常偷取遊客的食物，還喜歡將汽車的擋風玻璃水撥扯下來。

吸血蝕骨

　　暢飲鮮血和咬嚙骨頭，是不少恐怖故事的必要元素。不過從另一方面看，血液和骨頭含有豐富的蛋白質，確是出色的餐點。你也許會對這個想法感到反胃噁心，不過有些動物已等不及要大快朵頤了……

鬍兀鷲

斷骨高手

兀鷲是自然界的拾荒者，會在屍體周圍聚集，然後把它清理掉……不，是吃掉。不過，當其他兀鷲忙着爭奪屍體上的皮與肉之際，鬍兀鷲卻寧可吃骨頭，而且越多脂肪的越好。牠們最愛的招數就是帶着一根粗壯的骨頭飛到空中，然後將它摔到岩石上砸成碎片。這樣骨頭裏面超級營養豐富的骨髓便會展露出來了。

吸血蝙蝠

南美洲有一些蝙蝠完全依靠血液為生，牠們就是名副其實的吸血蝙蝠，也是唯一會吸血的哺乳類動物。當找到吸血目標後（通常是鹿、野豬或馬），吸血蝙蝠便會用牠們有如剃刀般鋒利的門牙，來將目標身上的一片毛皮刮下來。接着，牠們會割開目標的皮膚，然後舔吃血液。牠們泡沫般的唾液能痲痺痛楚，讓受害動物毫無感覺，唾液裏也含有一種物質能保持血液流動。嗯嗯，真美味……

嗜血地雀

每隻鰹鳥可能會吸引多達 6 隻嗜血地雀來吸血。令人驚訝的是這似乎完全不會對鰹鳥造成任何傷害。

紅腳鰹鳥

啄毛吸血

沃爾夫島是一個孤伶伶的火山，屬於加拉帕戈斯羣島的一部分。在這個極度乾旱、遍地岩石的地方生活的小地雀，往往難以找到足夠的食物。不過有一種名叫鰹鳥的海鳥也會在這個島嶼上築巢——牠們對地雀來說實在是救命恩人。地雀會啄走鰹鳥的羽毛，令鰹鳥流血。這時候，地雀就只需要開懷暢飲，直至肚滿腸肥。

獨一無二

世界上有超過50,000種蜘蛛，幾乎遍布在陸地上每個角落，偶然也有住在水裏的。每年我們都會發現到更多新的蜘蛛品種，不過至今只找到一種是素食的。牠是一種細小、一身綠色帶棕色的蜘蛛，名叫巴希拉跳蛛。

巴希拉跳蛛

植物能源

蜘蛛和鯊魚往往被視為頂級捕食者，以制服獵物的高速度和高效率，而令獵物聞風喪膽。不過牠們當中卻有一兩個物種，偶爾竟然會以植物為主食。

別樹一格

巴希拉跳蛛住在金合歡樹上，在長滿葉子的樹枝之間啃食隆起的小瘤，這些小瘤富含脂肪和蛋白質，對蜘蛛來說是奇特的美食！這些小瘤其實是火蟻的家，因此火蟻會保護大樹、力抗跳蛛。巴希拉跳蛛則會小心翼翼，避免出現在火蟻前，牠們會跳到附近的樹葉和樹枝上以保安全，也會在遠離火蟻的地方築巢。不過，偶爾跳蛛也會報復而吞吃牠們，因為火蟻幼蟲也算美味呀。

瘋狂大嚼！

竟然有鯊魚是吃素的！你一定以為我在開玩笑吧？2007年之前這可能是個笑話，不過如今再也不是戲言了。就在那一年，海洋科學家在窄頭雙髻鯊的胃部發現了一種海草，這些海草會在海牀上形成茂密的「草原」，也不是被窄頭雙髻鯊意外吃下的。深入研究顯示，這種鯊魚會不斷吃草，就像一隻在海中的牛。

腸道

消化海草的腸道

完全素食的動物通常需要一個特別的消化系統，例如牛隻，牠就擁有一個奇妙胃部，並分成4個部分。那麼窄頭雙髻鯊呢？原來，牠們的體內結構和肉食的鯊魚差不多，並沒有一般用來消化植物的適應構造。因此，牠們很可能需要依賴腸道內友好的細菌幫忙，將海草分解。

德拉肯斯堡峭壁環尾蜥

昆蟲、鳥類和蝙蝠都是最為人熟悉的授粉動物，那麼爬蟲類動物呢？在南非就有一種素食的蜥蜴會與植物互相合作，牠們叫德拉肯斯堡峭壁環尾蜥。牠們會走到一種植物的綠色小花裏吸食花蜜，並將黏呼呼的花粉附在鼻子上，為植物授粉。

窄頭雙髻鯊是雙髻鯊科之中，體型較小的成員。

窄頭雙髻鯊

在春天裏，趁着青蛙忙着交配繁殖而易於捕獵，漁鴞就會稍為改變餐單，由三文魚改為撲擊青蛙！

動物漁夫

大部分貓頭鷹都會捕獵老鼠和其他小型哺乳類動物，不過這種貓頭鷹卻與別不同。牠體型巨大，渾身毛茸茸的，還有幾束仿如柔軟耳朵的羽毛，而牠的至愛食物……絕對是三文魚！

捕魚之旅

當夜幕在寒冷刺骨的森林裏降臨，毛腿漁鴞會靜靜坐在河堤或河流中央的岩石上觀察等候。當牠看見水中有銀色東西活動時，便即時俯衝並一腳把三文魚抓出來，濺起大大的水花。其他貓頭鷹飛行時寂靜無聲，但毛腿漁鴞卻相當嘈吵，這是因為三文魚身處水中，不會聽見。

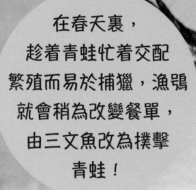

起飛

俯衝

魔雪森林

這個龐然的毛球生活在俄羅斯東北部白雪皚皚的森林裏，那兒有熊、狼和虎潛行其中。儘管毛腿漁鴞瀕臨滅絕，極難尋獲，但牠那轟然的「嗚嗚」叫聲卻會把行蹤泄露出來。這種神秘的鳥也生活在日本北部的北海道島嶼上，當地人更曾經將牠們奉為神明。

毛腿漁鴞

漁貓

一般的貓都怕水、討厭洗澡，因此我們不會見到貓長期泡在水裏。亞洲的漁貓卻例外，牠們看起來和一隻壯碩的虎紋貓沒兩樣，不過卻擁有秘密武器──有蹼的爪子。天黑之後，牠們會趟水走進池塘和沼澤裏，準備好跳到魚兒身上，然後將獵物拖到岸上。這個捕魚表演真精彩！

渾身濕透

一般貓頭鷹會避開水源，而且討厭雨水，因為牠們柔軟的羽毛防水能力不太好。不過毛腿漁鴞不介意弄濕身體，會毫不猶豫地衝入冰冷的河流中，抓捕牠們的大餐。有時候，牠們甚至會在淺水的地方涉水前行。牠們的腳掌上覆蓋着多刺的鱗片，那跟跑鞋上的鞋釘有點相似，能幫助牠們抓住滑溜溜的魚兒。

抓捕

33

嗜甜如命

醫生總是提醒我們應該吃大量新鮮水果，畢竟水果是充滿糖分的強大能量來源，而且富含維他命與礦物質。動物界中也有一些「食果動物」，極少進食水果以外的其他食物。當中更有一些令人意想不到的物種，原來牠們也愛吃甜甜的水果呢！

身材高大

鬃狼有極長的腿，看起來就像踩着高蹺一般。事實上，鬃狼是犬科之中身體最高的成員。牠們為什麼這麼高？答案是——適合牠們大步走過南美洲的稀樹草原之時，能夠越過長長的草去張望四周。雖然牠們主要的獵物是老鼠，但日常飲食中多達一半食物是水果。犬科之中沒有其他的狼或狐狸，會像鬃狼般進食如此多的甜食。

鬃狼

莓果特餐

鬃狼對「狼果」這一種的莓果特別鍾愛。狼果像個綠色的番茄，巴西人將它叫作fruta da lobo，意思就是「狼的果實」。每到這種莓果大量成熟時，鬃狼便會狼吞虎嚥一番；而牠們也會透過糞便，將狼果的種子散播出去。鬃狼為狼果幫忙繁殖，也算是一種回報吧。

鬃狼糞便

植物發芽

樹木生長

希氏石脂鯉

亞馬遜雨林的河流有大量魚類棲息，吃肉的食人魚肯定是最為人熟悉的，不過那裏也有另一種專門吃水果的魚，名叫希氏石脂鯉。牠們會到處游動，緊盯着懸掛在河流上方的枝條，上面長有多汁的莓果。牠們從水中一躍而起，迅速奪走目標果實。無法消化的種子就會從屁股排出，幫助植物傳播、佔據森林裏的新區域。

椰子蟹

椰子蟹棲息於印度洋和太平洋上的島嶼中。除了啃咬椰子外，這些巨大的螃蟹連鳥類也會捕捉！

哎呀！好痛！

椰子看起來和堅果相似，但它們是非比尋常的水果，才會帶有堅硬的外殼。信不信由你，有些螃蟹會將椰子當作餐點，這種體型龐大的甲殼類動物稱為椰子蟹。牠們在大海裏發育成長，之後走到陸地上度過成年的生活。牠們不僅會爬樹，還擁有力量十足、能夠粉碎硬殼的鉗子。蟹鉗擠壓的力量遠比人類的大，甚至能夠捏斷你的肋骨！

鬼臉天蛾

聲音捉迷藏

鬼臉天蛾遍布了歐洲南部、亞洲和非洲，牠們因頭部後方貌似骷髏的圖案而得名。這些大型的蛾擁有極不尋常的才能，白天牠們在躲藏的地方受到其他東西騷擾時，就會發出尖叫。要發出這種令人驚訝的聲音時，牠們會將空氣吸入長舌頭中，裏面有一個會振動的結構，就像單簧管吹口的簧片。

怪異之音

　　動物世界充滿了各種各樣的聲音，這些聲音或優美絕倫，或突兀古怪，有時甚至有點煩人。偶爾我們也會遇上一些身懷絕技的動物，牠們的聲音可能完全出乎你所料。

蘇門答臘犀

難得一見的表演

蘇門答臘犀擁有一首神奇之歌，介乎於鳥鳴、顫音與呻吟之間，人們說就像座頭鯨在唱歌！這種聲音能傳播一段遠距離，穿越牠們的雨林棲息地，以幫助對外溝通。遺憾的是由於蘇門答臘犀極度瀕危，即使牠們歌聲多嘹亮，幾乎已沒有仍然存活的同伴能夠和應了。

大壁虎

響亮又漫長

在東南亞，常常有古怪的噠噠聲一整晚迴響不停，這種聲音是由大壁虎所發出的，聽起來就像有人一遍又一遍地吟詠「哆卡哆卡哆卡」。這種夜行性的爬蟲類動物如此嘈吵又喋喋不休，如果放在你身旁，可能相當惱人呢！

馬島蝟發出聲音的方式稱為摩擦發音(stridulation)。牠們是唯一能以這種方式發聲的哺乳類動物。

碰撞與敲擊

馬達加斯加住着一些細小的哺乳類動物，外表和行為也像刺蝟，但並不是刺蝟，而是條紋馬島蝟。牠們的身體覆蓋着數百根尖刺（尖銳的毛髮），牠們會將尖刺互相摩擦，以製造出刺耳的吱吱聲。對於人類的耳朵，這些聲音的音調太高而接收不到，不過其他馬島蝟能安然聽見。

條紋馬島蝟

洞穴奇談

　　我們在黑暗中移動是非常艱難的，而夜行性動物經過特別的演變後，已擁有適應黑暗的眼睛。不過即使如此，牠們在完全黑暗的環境裏也無法看東西。牠們需要哪些更好的解決辦法呢？

發聲技術

一隻鴿子要在漆黑的洞穴裏飛行，狀況可能會非常糟糕。即使是貓頭鷹也難以應付，那麼油鴟又如何呢？牠看似由貓頭鷹與麻雀混為一體，會在雨林的洞穴裏築巢。牠們能夠避免碰撞，秘密在於能夠用聲音「看東西」。這種獨特的鳥會發出咔嗒聲，並聆聽回音，以得知周圍物件的所在位置。

油鴟

小鳥蝙蝠俠

油鴟這種感官系統稱為回音定位，也是蝙蝠採用的定位方法，不過蝙蝠的叫聲頻率太高，人類無法聽見，而油鴟較低沉的咔嗒聲仍在人類的聽覺範圍內。這種雀鳥也有向哺乳類借鏡，那就是鬍鬚。牠臉上粗硬的毛髮能夠感應附近的東西，由於在洞穴中生活的油鴟同伴絡繹不絕，所以這個技能非常重要。

兩個族羣

地下水池對魚類來說是個不尋常的棲息地,不過墨西哥麗脂鯉在永遠不見天日的淹水洞穴中卻自得其樂。有一些麗脂鯉住近水面,另一些就在漆黑洞穴中,而且外形截然不同,因為在地下深處棲息的麗脂鯉竟然變成了無眼魚!這些「盲魚」會一邊發出響亮的咔嗒聲,一邊在池水中游來游去,並利用反彈回來的漣漪,了解周圍的環境。

這些洞穴動物,身體往往都像幽靈般蒼白。因為在永遠黑暗的世界中,牠們不需要擁有明亮的色彩。

墨西哥麗脂鯉

節約能源

墨西哥麗脂鯉的鱗片會在空蕩蕩的眼框上生長出來,這也許看起來很詭異,但對沒有視力的動物來說卻有其道理。動物的眼睛是複雜的器官,因此需要大量能量去長出和維護眼睛。由於洞穴水池裏面的食物供應有限,這些魚兒就要省下珍貴的資源,來為更有用處的身體部分提供能量。

鼩鼱 (粵音渠晶)

鼩鼱是非常活躍的小型哺乳類,吱吱喳喳的聲音。不僅是牠們交談的聲音,還能防止牠們在晚上探索時撞上其他東西。在較近範圍中,這些聲音從物體上反彈,就像簡單的回聲定位。

趣怪蜜糖

黏呼呼、黃澄澄、甜蜜蜜……猜猜這是什麼？肯定是蜜糖了！蜜糖這種香甜的物質當然是由蜜蜂製造的，不過牠們並非唯一會生產蜜糖的動物，原來還有少數其他的蜂類和昆蟲，也懂得釀製蜜糖呢。

墨西哥蜜黃蜂生活在中美洲和南美洲。有人認為牠們生產的蜜糖味道就像楓糖漿。

花朵的力量

黃蜂背負着惡劣的名聲，真的很不公平，因為牠們跟蜜蜂一樣是自然界不可或缺的，有些品種的黃蜂甚至會製造蜜糖呢！牠們名叫墨西哥蜜黃蜂，會從花朵吸取花蜜帶回巢穴裏，轉化成蜜糖。牠們就像蜜蜂一樣，會將蜜糖儲存起來，當難以找到食物時便可以用蜜糖來餵飽蜂羣。

墨西哥蜜黃蜂

蜜蜂

毛茸茸的故事

蜜黃蜂和蜜蜂製造出來的蜜糖，幾乎一模一樣。蜂蜜是優秀的能量來源，充滿果糖和葡萄糖等不同種類的糖分。當蜜黃蜂從一朵花飛到另一朵花去採集花蜜的期間，也會為花朵授粉。牠們毛茸茸的身體有助黏住花粉，因此外表看起來，牠們像「蜜蜂」多於「黃蜂」。

甜蜜的家

蜜黃蜂會建造美麗的巢，不過使用的建築材料跟蜜蜂的不同。蜜蜂會利用蠟作為材料，但蜜黃蜂卻喜歡用紙。蜜黃蜂會切割樹木上的木材變成數以千計的微細木條，以此來建造蜂巢。牠們剪刀似的顎部會把木片從樹幹上切下來，再經過咀嚼，混合唾液來形成木漿，吐出來的混合物乾燥後會變硬，形成薄薄的灰色紙張。

蜜黃蜂製造的紙張會用來建成獨立的小房間，用來安置蜂卵和幼蟲，也可會用來建成蜂巢的外層。

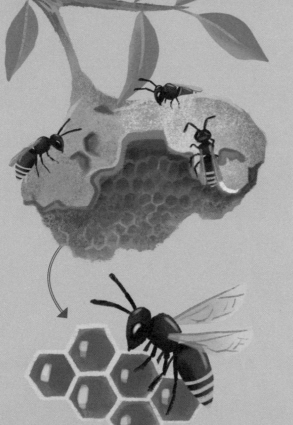

黃蜂巢

這是蜂巢建造完成後的樣子。在熱帶雨林裏的樹梢上，會看到這些蜂巢在懸掛着。

蜜蟻

澳洲一些古怪的蜜蟻會將花蜜帶到沙漠裏的巢穴中，並不斷餵給一些特別的儲存蟻，直到儲存蟻的肚子快要撐破為止。儲存蟻就像活生生的蜜糖罐，每當蟻羣中有成員需要吃東西，儲存蟻便會馬上將蜜糖吐回來給牠們。真暖心！

夜間出沒

太陽下山時，夜猴們便知道是時候起牀了。牠們會出發探索月光照耀的森林，而其他猿猴這時還正窩在一起，呼呼大睡。

牢固的關係

夜猴以小家庭為單位生活，每個家庭的成員包括負責繁殖的父母，和最多4隻年齡不同的幼崽。夜猴父母是忠貞的伴侶，這在其他品種的猴子之中聞所未聞。為了標示自己的領域，夜猴會在牠們的手腳上小便！這意味牠們在樹梢穿梭時，會留下臭氣沖天的蹤跡。

夜猴父親會帶着牠的小寶寶到處去……

……陪子女玩耍……

偉大的父愛

對夜猴來說，負責照顧幼崽的大多是父親。夜猴母親會給幼崽餵奶，不過之後就會直接將幼崽交給父親，因夜猴父親會負責育兒。哺乳類動物中罕見如此盡心盡力的父親，這對靈長類動物而言尤其真確。

……為子女梳理毛皮……

鴞鸚鵡

來自新西蘭的鴞鸚鵡是極少數夜行性鸚鵡之一，牠們也是世界上最重的鸚鵡、唯一不會飛的鸚鵡、唯一由雄性爭妍鬥麗吸引雌性的鸚鵡。更有趣的是，牠全身上下的羽毛看似苔蘚，氣味卻像蜜糖和古舊的木材！

……還會為子女示範如何挑選出最美味的果實。

特別的叫聲

夜猴是世界上唯一夜行性的猴子。牠們碩大的雙眼就像貓頭鷹，讓牠們能在樹林之間找路，仿如身處白晝。牠們樣子和叫聲也像貓頭鷹，呼叫的回音會在森林裏迴響，以展示哪些區域是屬於牠們的地盤。隨着天將破曉，每一個夜猴家庭就會找個樹洞睡覺去。

夜猴共有11個品種，全都生活在南美洲。大部分夜猴的體型和松鼠相若。

夜猴

大逃亡

我們常常會談及「怕黑」，不過對於像夜猴這樣的小猴子，白天裏的時光反而更加危機四伏，因為白天是鷹和隼出動捕獵的時候。也許夜猴改變為夜行性動物，是為了逃避這些白天活動的捕食者？又或者牠們是為了避免和其他在日間活動的猴子爭奪食物，從而改變習性？

43

偉大的父母

在人類社會中，父母照顧子女是艱辛的工作。看來大部分昆蟲也預料到這個煩惱，所以牠們都不會照顧子女，只是產卵後就消失無蹤！這就是說，很多昆蟲根本從未見過自己的後代。不過，也有小部分「偉大」的昆蟲是例外的。

我們至今已經發現了超過100萬種昆蟲，而當中只有1%會照顧自己的後代。

全心奉獻的母親

灰匙同椿象會好好照顧子女，這行為在昆蟲界來說並不尋常，但至少牠們的雌性會這樣做。灰匙同椿象是無微不至的母親，牠們會在樹葉底部產卵，然後保護這團細小的蟲卵數天，直至幼蟲孵化為止。牠的全心奉獻能保護幼蟲免受寄生蜂襲擊。

灰匙同椿象

貼身照顧

那麼雄性的灰匙同椿象呢？牠們比雌性細小得多，在交配過後，任務完成沒多久就會死亡。與此同時，雌性會緊黏在珍愛的幼蟲（又稱為若蟲）身邊數星期，陪着牠們成長，直至若蟲變成了成蟲後，能夠保護自己。

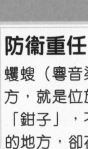

防衛重任

蠷螋（粵音渠手）最有名的地方，就是位於身體末端的怪異「鉗子」，不過最令人感興趣的地方，卻在於牠們的育兒安排。雌性蠷螋不僅會保衛位於土壤裏的巢穴，還會經常把蟲卵舐舐清潔，讓蟲卵有更大機會孵化。如果蟲卵散開了，例如被正在挖洞的鼴鼠撞散了，蠷螋媽媽也會毫不退讓，重新將蟲卵聚集起來。

蠷螋

茶點時間

蠷螋幼蟲在孵化後會留在巢穴裏，牠們知道媽媽到了地面上探險，會給牠們帶回來一些腐爛植物或動物的美味碎片。如果牠們夠幸運，媽媽也會吐出一些半消化了的食物給牠們享用。這種溫柔呵護，在昆蟲世界極為罕見。

鴿子

你有沒有見過鴿子寶寶（乳鴿）將牠那瘦巴巴的頭部伸進父母的喙部裏？你可能會不明白發生了什麼事情。原來牠們正在哺乳！鴿子是唯一會給雛鳥餵奶的鳥類，父母都能產生一種白色的液體，稱為鴿乳，這來自鴿子消化系統裏一個名叫嗉囊的部分。

黑掌樹蛙

天堂金花蛇

驚人的飛腳

黑掌樹蛙能夠在雨林的樹木之間飛翔，高高地遠離地面。在牠的腳趾之間有一大片由皮膚形成的蹼，當牠從樹上跳下時，會撐開4隻腳掌，形成了4個降落傘，令牠墜落的速度變慢，變成優雅的滑翔。

天堂金花蛇的滑翔距離，可以由網球場的一端走到另一端。

竭盡全力

天堂金花蛇最驚人的是，儘管牠沒有四肢，也沒有飛行用的薄膜，卻能夠在樹木之間滑翔。滑行到樹枝的盡頭後，天堂金花蛇便會躍到半空中，同時令自己壓扁，變成緞帶一般。為了繼續前進，牠會擺動身體，形成S字形，看起來就像在空中游泳。

一飛沖天

某些動物即使沒有翅膀，也無法竭止牠們飛天的慾望，令人意想不到地躍向天上。在雨林裏，住着一些蜥蜴、青蛙和蛇，牠們能夠從一棵樹飛到另一棵樹上，甚至有少數魚類也加入了這個飛行俱樂部。

沖出蔚藍大海

如果你看見有魚兒在海浪上方現身，你並不是在做夢……其實是飛魚起飛了！牠們會從大海裏一飛沖天，以避開鮪魚（吞拿魚）等捕食者。牠們會快速擺動尾巴，來推動自己低飛掠過水面；身體前方也會展開巨大的胸鰭，有助停留在空中長達45秒。

飛蜥

飛魚

滑翔逃亡

飛蜥擁有攀登的才能，那對牠們在樹梢上的生活最合適，因為前往另一棵樹時如果要跑下樹幹，太費時失事了。當牠們被敵人追趕，時間就更緊迫。所以牠會滑翔到另一棵樹上，依靠身體每一側寬大的薄膜，可以當作「翅膀」。

雙腳着地

有什麼動物會躲在矮樹叢裏抽鼻子？也許是刺蝟？而在新西蘭，那可能是一隻蝙蝠！世界上有很多蝙蝠都會飛，而這一種願意花時間在飛行上的可算最少了。

特別的習性

在哺乳類中，只有蝙蝠能像鳥類般真正地飛翔，所以牠們日常會盡情運用這種超級能力。不過有一種短尾蝠生活在古老的森林裏，牠們雖然也會飛行，但似乎對高飛有點不情不願！牠們寧願在森林地面上爬行，以尋找蟋蟀和其他美味的昆蟲，還有掉在地上的果實和種子。

短尾蝠喜愛舔吃木玫瑰的花蜜，木玫瑰是一種奇特的植物，看起來像是由樹皮組成的。

短尾蝠追捕飛蛾時，會留在靠近地面的地方。到了夜晚的尾聲，牠便會飛到一棵老樹上休息。

短尾蝠為了嗅聞和尋找甲蟲和蠕蟲，會把口鼻部擠進枯葉堆裏。

地啄木

地啄木生活在南非，那兒的岩石比樹木多。與一般啄木鳥不同，地啄木這種粉紅色與灰色混集的鳥兒，會藉着跳過一塊又一塊巨石來移動。牠們以進食螞蟻維生，小羣地在山坡四處跑，並透過響亮的叫聲來與同伴保持聯繫。

請走這邊

翅膀並不是為走路而存在的，因此短尾蝠演變出一種聰明的方式來將翅膀摺疊起來，並改用手腕來匍匐前進。雖然這方法很狼狽，但確實行得通，短尾蝠的後腿也因而變得更強壯。相反，其他蝙蝠只會在休息時才用後腿把自己倒懸起來。

新西蘭現時只有兩種蝙蝠，在當地的毛利語中，蝙蝠被稱為 pekapeka。

短尾蝠

這種蝙蝠通常一生裏有40% 的時間會以植物為食物，其餘時間會分別在地面和空中捕食昆蟲。

演化的故事

為什麼短尾蝠選擇用手腕走路，而不是在夜空中飛掠？這是因為新西蘭沒有其他土生土長的原生哺乳類動物，例如蛇。由於這數百萬年裏沒有天敵的威脅，短尾蝠便能安全地在地面覓食。不幸的是，人類將白鼬、貓和老鼠引入了新西蘭，短尾蝠成為了牠們能輕易捕獲的獵物。因此，保育人員正嘗試為短尾蝠設立沒有捕食者的區域，以拯救牠們。

飛不起的鳥

鳥兒飛行時看似毫不費力，事實上，鳥類需要像運動健兒那麼竭盡全力，才能停留在空中。因為飛行需要巨大的胸肌，還會燃燒大量能量。難怪……有些鳥類乾脆放棄不飛了。

全速前進

南美洲最南端的海岸是一片偏遠、布滿岩石的不毛之地。在這裏，你會找到一些鴨子，牠們像鴕鳥和鶴鶉（粵音而苗）一樣，從很久以前已失去了飛行能力。牠們會用粗短的翅膀當作划槳，在海面上疾行，有時濺起的水花會多得令你以為牠們受了傷。這種鴨子的划水方式令人聯想起槳輪蒸汽船，因此牠們被稱為船鴨。

潛泳水中

船鴨會潛入水中捕食甲殼類動物，例如帽貝。船鴨一輩子都會留在同一段長滿水草的短小海岸裏，畢竟牠們也無法飛到任何較遠的地方。牠們的體型壯胖，比大部分的鵝還要重，而且是非常保護幼雛的父母，任何動物膽敢走得太近雛鳥，不論是貪玩的企鵝還是圓滾滾的海豹，都會被憤怒的船鴨父母趕走。

鷺鶴

當科學家發現了一種新鳥，跟其他任何鳥都毫不相似，便會將牠獨自歸類為一科。幾乎不會飛行的鷺鶴正是這樣，牠們沒有近親，並生活在太平洋的新喀里多尼亞羣島。牠們擁有蒼鷺的長腿、雞的身體、鴿子的頭部。當鷺鶴伴侶碰面時，會展開羽冠，像個搖滾樂手似的來討好對方。

儘管短翅水雞樣子兇猛，但牠只會吃植物和種子。每天會花上19小時來進食！

草原上的巨無霸

新西蘭的短翅水雞放棄飛行後，身型變得巨大無比，那大得嚇人的喙部和色彩斑斕的外表就像恐龍一樣！牠的近親包括在全球各地的公園湖泊和濕地裏生活的黑水雞和骨頂雞，但都不及短翅水雞那樣重。不過，雖然這對短小的翅膀無法令牠停留在半空，但卻可以配合牠的強壯雙腿跑得飛快，有助爬上雜草叢生的山坡。

大好消息！

長久以來，短翅水雞都被視為已滅絕的動物。但到了1948年，一小羣短翅水雞被發現在默奇森山一處遠離人煙的地方平安無事。有關發現備受關注，並掀起了大規模的保育計劃。部分短翅水雞在圈養環境中誕生，並在新的地區野放，以增加野生水雞的數量。如今已有接近500隻了！

日本獼猴

縱身一躍

有一些出人意料的動物會在水中過日子。而且一些更驚人的例子還陸續有來，平常在淡水棲息處中生活的動物，竟會走到陸地上到處跑！

水涯狻蛛

池中女郎

蜘蛛一般不喜歡沾濕牠們的8條腿，不過來自歐洲的水涯狻蛛卻會生活在池塘上！雌性狻蛛的體型比雄性壯碩，力氣也較大，牠們會讓長腿漂浮在水面上，以感應獵物產生的漣漪。當狻蛛察覺到振動，便會滑過水面，一把抓住自己的大餐，那通常是昆蟲、蟾蜍或小魚。因為牠們能停留在水面下長達20分鐘，所以也可能潛入水中抓捕獵物。

吹泡泡獵人

鼴鼠天生擅長挖掘，是隧道開挖專家，原來牠們也能在水中游一小段距離。不過，唯獨有一種鼴鼠是經常到水裏去的，牠們就是北美洲的星鼻鼴。星鼻鼴擁有一種獨一無二的捕獵技巧，可用於沼澤和濕地。牠們會用鼻子往水裏吹氣泡，然後將泡泡吸回來嗅聞，以偵測獵物的氣味。

星鼻鼴能透過臉上抽動的粉紅色「星星」來感知獵物。

蟓蛾成蟲

星鼻鼴

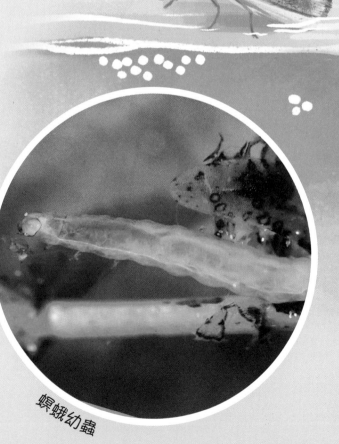

蟓蛾幼蟲

住在水裏的毛毛蟲

雖然聽起來不大可能，但有些飛蛾的一生，竟然是開展於池塘裏，因雌性蟓蛾會泡在水中，或游到水底去產卵。蟓蛾幼蟲在水中完全沒問題，因牠們會透過鰓部或皮膚呼吸，或藉由摺疊葉子來把氣泡困住。經過數個月後，牠們便會冒出水面，變成蟓蛾成蟲。

離水的魚

魚類能夠依靠鰓部在水中呼吸,鰓部是魚類的重要器官和分類特性之一。然而,有少數魚類也能夠在水面或陸地上呼吸空氣,牠們真正可以同時享受水中和陸上世界的好處。

大口吸氣

烏鱧(又稱生魚)是一種適應能力很強的魚類。在大部分時間裏,牠們都會用鰓部呼吸。不過牠們也擁有兩個特別的腔室,稱為鰓上器,用來直接從空氣中吸取氧氣。因此,牠們即使身在氧氣水平低得危險的泥濘河流和沼澤中,也能夠愉快地生存。

搖搖擺擺

年輕的烏鱧能夠扭動身體來登上陸地。這實在是不可思議。烏鱧憑着這種能力越過荒野,前往不同的河流或濕地,就像一個馬拉松比賽的選手。牠們的身體能產生大量黏液,以避免身體在途中變乾。而牠們主要在涼快的晚間遷徙,也有助保持濕潤!

烏鱧寶寶能在泥濘的地面上爬行,而且輕鬆得令人驚訝。烏鱧要推動自己前進時,會用那修長又柔軟的身體做出C字形。

烏鱧將頭部和肌肉發達的尾巴推向右方,這樣便形成了C字。

烏鱧能在
陸地上生存
多達4天。

不容小覷的魚

烏鱧是厲害的捕食者,雙顎布滿利齒,不能和牠們鬧着玩。在烏鱧的自然家園裏(包括中國和其他東亞地區),牠們胃口雖然激進,但並沒有構成問題。不過這種魚潛入了北美洲後,就如同大蟒蛇一般不斷捕食其他的原生野生動物。由於烏鱧造成的重大破壞,所以被人們戲稱為「魚斯拉」(fishzilla)。

烏鱧

肺魚

這種奇妙的肺魚與4億年前的祖先相比,樣子只有些許轉變。牠們就像名字肺魚部一樣,運用肺部呼吸空氣。不僅如此,即使生活的沼澤乾涸掉了,牠們只需在泥地挖洞,形成一個黏答答的睡袋,在裏面耐心等待水源重臨,有時更可等上幾星期甚至幾個月。早期的科學家被牠們弄糊塗了,還以為牠們是爬蟲類或兩棲類動物。

接着,牠把頭和尾巴推向左方,形成一個反轉了的C字。牠會一遍又一遍地重複這些動作。

滑水專家

人類要駕馭波濤也需要時間練習。不過，如果你不嘗試，是無法知道結果的。只要你願意步出第一步，便會面對浪濤洶湧而至……

海灘生活

非洲的海流和沼澤都是河馬的領地。河馬有如河中之馬，這龐然大物能在大海裏衝浪的情景，實在令人大感詫異！這些超乎尋常的情景發生在西非的加蓬沿海地區，也許鹽分和海浪能殺死依附在河馬皮膚上的討厭寄生蟲，所以河馬才會在大海流連忘返；又或許只是純粹喜歡玩水。

河馬

在同一片海岸上，你也能看見非洲森林象沿着沙灘漫步，還有在海浪間嬉水！

潛入水中

河馬典型的模樣，就是牠在骯髒的棕色水池打滾之際，那露出水面的巨大頭顱頂部。牠的鼻孔、眼睛和耳朵位置很高，即使頭部幾乎完全浸沒水中仍然能夠呼吸，保持警戒。這種體型龐大的生物太重了，所以無法浮起來，也不能夠游泳。因此，牠們會沿着海牀泥濘的底部踱動，彷彿蹦蹦跳跳地，跳着芭蕾舞。

廣闊的藍色海洋

地球可說是由昆蟲來掌管的，數量龐大的昆蟲在整個地球上生生不息，但只有海洋區域例外。那是因為昆蟲的身體，特別是呼吸系統，只是為了生活在陸地或淡水環境而形成的。只有5個昆蟲的物種能夠一輩子生活在海上，牠們叫海黽。海黽會利用幼細的腳滑過海浪，並從海面上撿拾微小的食物碎片。

海黽

特別的卵

海黽像大部分昆蟲一樣也會產卵，不過如何在大海上產卵呢？牠們找到好方法——在漂浮着的雜物上產卵，即使在海鳥飛過時掉落的羽毛上也可以！時至今日，細小的塑膠碎片也能大派用場。由此可見，塑膠污染雖然威脅着許多海洋動物，但海黽卻是少數受惠於污染的生物。

划水的豬

豬會在大海裏用狗爬式姿勢來游泳？沒錯！自從網上有一段小豬游泳的影片瘋傳後，牠們便成為了巴哈馬的旅遊景點了。這些豬的祖先以小羣生活在偏遠島嶼，牠們學會了跳進大海，並游向人類主人的小艇，向他們討食物吃。

水中漫步

某些鳥類和魚類竟會在水中漫步，聽起來真的不可思議。因為對牠們的近親來說，一般的鳥類和魚類在水底到處閒逛，是絕對不可能的。

緊緊抓住

汩汩流動的山溪裏有許多昆蟲可吃，不過首先你要抓到牠們。河烏是一種圓滾滾的鳥，大小與畫眉鳥相若。牠們由水邊繼續向前，幾乎要消失在水面之下。河烏在溪牀探索和搜尋獵物時，牠們強壯的爪會緊握着水中的石塊，避免自己浮起來並被沖回水面。

河烏

腔棘魚

腔棘魚這種深海魚的鰭外形古怪，會向外伸出來，就像兒童單車上的輔助輪。這些鰭有如粗短的四肢，但卻不是用來走路的。科學家發現，腔棘魚只會用鰭來游泳，但奇怪的是，牠們的鰭會成雙成對地移動，跟蜥蜴或鱷魚走路的樣子相當相似。

戴上護目鏡的鳥

河烏會拍動翅膀來跟水流抗衡，並推動自己游向水底。那就像在水底下一邊飛行一邊走路。為了保護自己的眼睛，牠們會滑出透明的薄膜（稱為瞬膜）來覆蓋住眼睛，就像護目鏡一樣。另一片薄膜會在牠們跳入水裏之前用來閉上鼻孔。此外，河烏也會用特殊腺體分泌的油脂來令羽毛變得不透水。

河牀拖步

熱帶的珊瑚礁孕育出令人眼花繚亂的大量魚類，包括數種被稱為石頭魚（又稱毒鮋）的魚類。石頭魚能夠使用兩側的胸鰭，將身體撐起，來離開海牀。這動作就像一條魚在做「掌上壓」一樣，並以這種姿勢拖着腳步、慢動作地走過海牀的沙地。

石頭魚

魚背尖刺

小心！

石頭魚擁有一張往下彎的嘴巴，牠們是世界上其中一種脾氣最暴躁的魚類。牠們的頸部會猛然張開，露出鋒利的牙齒，並以快如閃電的速度一口把獵物吞噬。而且好戲還在後頭——石頭魚背上的尖刺充滿了毒液，比其他所有魚類的毒液都更厲害，任何踏在石頭魚身上的人們，絕對會後悔不已！

保障安全

槍蝦（又稱鼓蝦）會邀請一種名叫鰕虎魚的小魚，進入牠們在海淋上挖掘的洞穴裏一起生活。這種魚類朋友擁有出色的視力，每當牠看見捕食者，便會迅速地用鰭輕推槍蝦一下，然後魚與蝦便一同衝回洞穴裏面，以保安全。鰕虎魚也會獲得免費的住所，作為保安服務的回報。

槍蝦和鰕虎魚

非比尋常的搭檔

兩種沒有太多共通之處的生物，有時候竟會共享同一個生活空間。這種和睦相處的關係，會有很多好處呢！

白蟻

黏土城堡

白蟻是一種細小的昆蟲，不過牠們的巢穴卻相當龐大，因為牠們會跟數以千計的同伴一起過羣居生活。牠們的蟻丘由乾掉的泥土建成，並在熱帶地區的太陽下被烘烤得非常堅硬。這麼穩固的蟻丘吸引了許多其他動物來佔用，甚至當白蟻仍住在穴裏時亦然。澳洲的白尾仙翡翠就是佔用蟻丘的鳥類之一。

白尾仙翡翠

鱷蜥

鱷蜥看起來像蜥蜴，牠們本來有一些外形相似的近親，但已經跟恐龍一起滅絕了。

古怪的室友

在島嶼上，洞穴可能供應緊絀，那意味着動物共享洞穴是個好主意。鱷蜥是新西蘭的一種爬蟲類，牠們會與一種名叫仙鋸鸌的海鳥住在同一個洞穴裏。不過這種安排似乎是仙鋸鸌較吃虧，因為洞穴裏能讓鱷蜥晚上保持溫暖，而同時，可憐的仙鋸鸌和自己的幼雛及蛋，最終可能會被鱷蜥全部吃掉。

侏獴

做個好夢

來自非洲的侏獴面對着許多敵人，包括麻鷹、老鷹和毒蛇。如果侏獴的哨兵一發現危險，便會發出警號，整個族羣便會拔腿就跑，躲藏起來。因此，白蟻的蟻丘便成了侏獴理想的藏身之所，族羣甚至會睡在蟻丘裏面呢。一個大型蟻丘足以讓一打12個甚至更多的侏獴棲身，讓牠們好好酣睡。

樹懶與蛾

動物的身體上也可能住着許多生物，牠們的身體就是一個完整的生態系統。你覺得那很噁心？動物有時候卻能從中獲得很多好處啊。

流動的家

三趾樹懶生活在中美洲和南美洲的雨林中、高高的樹梢上。這種動作緩慢的哺乳類動物亂蓬蓬的毛皮中，布滿了其他生物，成為了一個完整的生態系統，裏面有藻類、真菌，還有數種飛蛾。那些飛蛾依靠吸吃宿主的皮膚，透過上面的一點點水分和養分來維生。

幼蟲孵化後，就以糞便為食。一段時間後牠們便會結繭，變成成年樹懶蛾。

雌性「樹懶蛾」會從宿主身上爬下來，並在新鮮的糞便裏產卵。

大自然的呼喚

大約每隔一星期，三趾樹懶都會往下爬到地面去排便。真奇怪！為什麼牠們要浪費珍貴的能量從樹上爬下來，還要承受被捕食者襲擊的風險呢？部分答案是：因為「樹懶蛾」會在樹懶的糞堆裏產卵，因此牠們需要樹懶這個如廁習慣來繁殖後代。不過，樹懶又怎樣想呢？這種習慣對樹懶有好處嗎？

樹懶會在一棵樹的底部挖洞，並排出累積了一周的大團糞便。

全面的好處

科學家相信，樹懶蛾能從兩方面幫助牠們毛茸茸的宿主。首先，牠們可以令樹懶的毛皮變得肥沃，也許是把地面上的糞便當中的養分帶回來了。肥沃的毛皮能讓更多藻類生長而變成青綠色，讓樹懶藏身樹林時擁有一身實用的保護色。其次，樹懶還會吃掉那些藻類，這些藻類比樹葉的營養更豐富啊！

樹懶蛾

三趾樹懶

研究員曾經在一隻三趾樹懶身上，數算到有120隻樹懶蛾！

灰鯨與藤壺

大部分藤壺會攀附在海岸的岩石上，這有賴於牠們分泌出來的蛋白質漿糊，它的黏合力強如混凝土。不過，也有些藤壺會選擇依附在鯨類厚厚的皮膚上，隨牠們遊遍大海，不會轉移到其他地方。一頭灰鯨的頭部和背上，附帶的藤壺可以高達150公斤！

和睦共處

非洲的裸鼹鼠怪異非常。牠們在許多方面都與別不同，不過當中最特別的，就是牠們會成羣地生活在一起，就像螞蟻等社會性昆蟲那樣。

眾鼠之后

每個裸鼹鼠族羣可能擁有多達300個成員，只由1隻能夠繁殖的雌性統治——那就是鼠后。其餘的成員包括負責挖掘隧道和覓食的工鼠，負責保護族羣的衞兵鼠。當鼠后死亡後，其他雌鼠會互相對戰至死，以爭取成為新的鼠后。這種生活方式稱為真社會性，也是螞蟻、白蟻和蜜蜂的生活方式。裸鼹鼠是唯一一種有這種行為的哺乳類動物！

隧道市鎮

裸鼹鼠生活在隧道裏，每個族羣可能佔據一個足球場大小的區域。由於地底下比較溫暖，所以裸鼹鼠不需要毛皮。由於牠們只靠嗅覺到處去，所以也不需要視力，可見牠們的眼睛非常細小，就像一顆黑點。裸鼹鼠會沿着隧道快速前進，尋找根部、球根和其他植物作為食物，而牠們能夠以相同的的速度迅速倒後走。

工鼠

衞兵鼠

裸鼴鼠

初生裸鼴鼠幼崽

裸鼴鼠的嘴唇前方長有牙齒,讓牠們挖土時能夠讓嘴巴閉上,以免塵土跑進嘴裏。

裸鼴鼠寶寶

裸鼴鼠鼠后每80天就會誕下新一胎幼崽,曾有一隻鼠后更一胎誕下了27隻——這是哺乳類中已知數量最多的一胎幼崽!裸鼴鼠能夠生存超過30年的高齡,對小型齧齒動物來說十分罕見。牠們也從不會患上重病,因此科學家正研究牠們長壽的秘密。

鼠后

獅子

大部分大型貓科動物,除了交配或養育幼崽的時候外,都是天生的獨行俠。不過,只有獅子會尋求同伴,牠們生活在大家庭裏,稱為獅羣。團體合作有助捕獵到較大型的獵物,例如斑馬和水牛;並能更輕易地保護領地和幼獅。

以小見大

在南美洲的森林裏，斑點短鎖蛙會與體型比牠巨大得多的秘魯狼蛛一起生活。短鎖蛙既擁有狼蛾這位壯碩的長毛護衛，在狼蛛吃剩的獵物上，也容易吸引一些細小昆蟲，那正好成為短鎖蛙的餐點。為了回報狼蛛，短鎖蛙也會吃掉狼蛛巢穴中的螞蟻，以免螞蟻把蜘蛛卵作為大餐。牠們就此達成了雙贏！

家居助理

動物的巢穴很容易變得亂七八糟，而塵污會讓病菌和寄生蟲茁壯生長。為了保持生活空間乾淨整潔，有些動物便會找來其他動物幫忙打掃。

秘魯狼蛛

斑點短鎖蛙

與死神對賭

一般而言，如果小青蛙遇上地球上最巨大的蜘蛛，你會預期小青蛙小命不保。那麼到底發生了什麼事，出現了這個友好關係呢？科學家相信，狼蛛能夠辨認出這種有用的青蛙，不去傷害牠們。當中可能是短鎖蛙皮膚上的化學物質，就像一種標記。

活生生的蛇

在美國的德州，東美角鴞會將盲蛇抓起來，這時的蛇仍是活生生的不斷扭動，就被扔進角鴞位於樹洞的巢裏。這些蛇體型很小，所以沒興趣將毛茸茸的貓頭鷹幼雛當作食物來飽餐一頓，不過牠們卻會把鳥巢中各式各樣的不速之客吃掉，例如小蟲和蟎等。盲蛇的努力讓這個地方整潔如新！

東美角鴞

盲蛇看起來更像蠕蟲，而儘管體型纖細，牠們也能夠吞下比牠們的頭部更巨大的獵物！

德州細盲蛇

防治害蟲

幫助東美角鴞的盲蛇平常會挖掘泥土，以尋找昆蟲的幼蟲。到達東美角鴞的巢穴後，牠們到處翻動，壓制害蟲的數量。東美角鴞的雛鳥因此更為健康，也較容易發育完全。

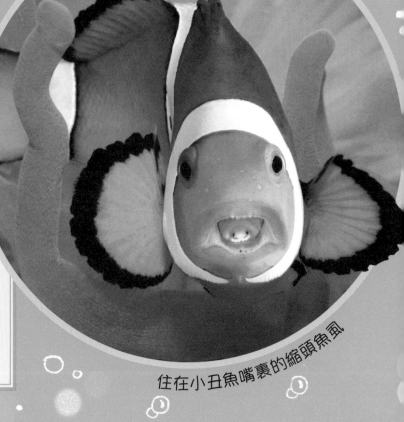

纏住舌頭

海洋裏布滿了一種甲殼類叫等足動物，當中許多都是寄生動物，但只有一種會吃掉宿主的舌頭。縮頭魚虱這種等足動物就會切斷魚類舌頭的血液供應，令舌頭萎縮掉落。縮頭魚虱此後會依附着宿主，因為被寄生的魚會用牠頂替作舌頭！牠們是唯一會取代其他動物身體部分的寄生動物。

住在小丑魚嘴裏的縮頭魚虱

巴西達摩鯊

肇事逃逸

有一種鯊魚的行徑像寄生動物一樣，就是巴西達摩鯊。牠們只有保齡球瓶的大小，但咬嚙卻非常粗暴。在晚上牠們會游近大型魚類（通常是其他鯊魚）並用強而有力的嘴唇依附其上。在緊抓着對方的同時，牠們會旋轉一圈，來讓牙齒撕下一大塊肉。獵物被咬嚙後，身上留下的齒痕，就像用曲奇模具切割麪糰後留下的痕跡一樣。

惹人討厭
的寄生蟲

寄生動物依靠其他動物維生，藉由偷走宿主的食物、吸吮宿主的血液，甚至吃掉宿主的身體組織來過活。寄生動物為了「逍遙法外」，施展了各式各樣的伎倆。世上這樣既詭異又狡詐的寄生動物，原來不少呢！

小頭睡鯊
不用靠視力來捕
獵，因此寄生動物即使
把牠們的眼睛吃掉了，
對牠們來說也
不成問題。

七鰓鰻

滿眼驚奇

小頭睡鯊會緩緩地在冰凍的北冰洋
裏游弋，牠們能生存長達400年，
比任何魚類、爬蟲類、兩棲類、鳥
類或哺乳類都要長壽。再者，在漫
長又緩慢的一生裏，這些體型龐大
的鯊魚都無法視物。為什麼？只怪
將牠們的眼球當大餐的寄生動物！
這些吃眼睛的生物是罕見的橈足動
物，也是甲殼類動物的一種。

吸血魚

試想像有一根肌肉發達的
管子，其中一端長了有一
個頭，你便明白到七鰓鰻
到底是什麼模樣。這種魚
類沒有顎部或脊椎，只有
數對簡單的魚鰭，不過牠
們的嘴巴卻是另一回事。
儘管沒有顎部，但牠那圓
圓的嘴巴裏長滿了一圈圈
鈎狀的牙齒。七鰓鰻會用
嘴巴來抓住較大的魚，並
在對方身上吸血。

依附在小睡頭鯊身上的寄生性橈足動物

圓蛛

住手，竊賊！

銀斑蛛的體型比一顆青豆更細小，這有助牠溜進圓蛛的網中而不被發現。銀斑蛛會在網的邊緣潛伏，等機會將被困的蟲子搶走。這行為其實非常危險，可是牠不願意自己織網，而且人家的網比自己能夠織出來的網都要大得多，因此捕捉獵物的效果更好。牠只在乎結果！

即管來抓我吧！

如果圓蛛發現小偷在自己的網裏現身，大有可能會將小偷殺死。因此銀斑蛛為了避免事敗，有時會織出一個細小的網，再與主要的網連接起來。這讓牠們能夠秘密地到處移動，不會撞上「戶主」。兩種蜘蛛彷彿正在進行一場生死攸關的捉迷藏！

損失慘重？

被搶劫後的圓蛛會失去部分食物，牠們的網裏面的絲線也可能被銀斑蛛扯斷或吃掉。不過這些不速之客偷走的昆蟲通常細小得連圓蛛也不屑一顧。因此，這位蜘蛛網的「戶主」可能沒有損失啊。

游蛛是其中一種圓蛛，牠正坐在剛剛織好的網上，沒發現牠正與一隻銀斑蛛小偷共用一網。

當閃蝶飛進網中，游蛛就會去把牠抓住。銀斑蛛會靜候時機……這份餐點實在太大了！

銀斑蛛

銀斑蛛遍布世界各地，不過在熱帶地區特別多。

食物竊賊

有少數狡滑的蜘蛛選擇了成為罪犯，牠們會熟練地從體型比牠們大得多的親屬手中偷取食物！牠們竟然把致命殺手視作偷竊的對象，挑戰牠們充滿毒液的尖牙，這實在是相當冒險的舉動。

孟蠅

孟蠅這種昆蟲也是個盜賊，所以又稱強盜蠅。牠殘忍的策略，就是尋找正在搬遷到新巢穴的螞蟻族羣，把牠們作為目標。一瞬之間，孟蠅便向排列成行的螞蟻施襲。在攻擊途中，孟蠅會搶走蟻羣運送的蟻卵、幼蟲或蟻蛹（幼蟲發育至成年期間身處的殼），享受美味的大餐。

另一隻蒼蠅被網纏住。游蛛正忙着，因此銀斑蛛這個小偷便有機可乘。

缺席的父母

有些動物為了逃避育兒的重任而想出一個方法，就是找另一種動物來照顧自己的後代。我們將這類動物稱為「巢寄生者」，或者叫牠們為「杜鵑」。

杜鵑熊蜂　　　　　　　熊蜂工蜂

熊蜂幼蟲

杜鵑熊蜂的後腿上沒有「籃子」，不能攜帶花粉，這是因為其他熊蜂會代替牠們餵養幼蟲。

蜂巢入侵者

雌性杜鵑熊蜂的外貌和氣味就像其他類型熊蜂的蜂后。這種偽裝讓牠們能夠強行闖入其他熊蜂的巢穴，這個入侵者會控制真正的蜂后，通常會將對方刺死。接着，牠們會在強行佔據了的巢穴裏產卵，強迫熊蜂工蜂代為照顧。

精心計劃

雌性杜鵑熊蜂需要小心地計劃好奪取蜂巢的行動。牠必須選定一個大小剛剛好、擁有適當數量雌性工蜂的蜂巢作為攻擊目標。如果那裏有太多工蜂，牠們可能會反抗，將杜鵑熊蜂制服，毀掉奪巢大計；如果工蜂太少，即使奪巢成功，也可能不夠勞動力去照顧杜鵑熊蜂的卵和幼蟲。

杜鵑熊蜂

棕頭鷗

黑頭鴨
的雛鳥

棕頭鷗
的雛鳥

黑頭鴨（又名杜鵑鴨）

世界上大約有100種鳥類是巢寄生者。對比起世界上合共超過 11,000 種的鳥類，那意味巢寄生的行為其實相當罕見！鴨子方面，只有 1 個品種有這種行為——牠們就是來自南美洲的黑頭鴨。雌性黑頭鴨會悄悄地在其他水鳥的巢裏下蛋，當中包括其他品種的鴨子，以及海鷗。

棄蛋潛逃

下蛋後，雌性黑頭鴨便會消聲匿跡。另一邊廂，被牠們選中的宿主會同時孵育黑頭鴨的蛋與自己的蛋。黑頭鴨雛鳥孵化後，牠們從第一天開始便會獨立起來，捨棄牠們的「寄養家庭」。「杜鵑鴨」就像真正的杜鵑鳥一樣，也是永遠不會跟自己親生母親碰頭的。

黑頭鴨

杜鵑鯰

許多非洲的慈鯛魚會將卵和幼魚含在嘴巴裏孵育，這讓杜鵑鯰有機可乘。雄性和雌性杜鵑鯰會尋找一對正要繁殖的慈鯛魚，並與牠們同時產卵和授精。當慈鯛魚媽媽舀起牠的卵時，便會同時舀走杜鵑鯰的卵！

慈鯛魚

鴨嘴獸

奮力一踢

只有極少數的哺乳類會分泌毒液，其中一種就是澳洲的鴨嘴獸。牠們的特徵古怪，例如會生蛋，還擁有一個橡膠似的喙部。雄性鴨嘴獸的後足足踝上長有角狀的尖刺，稱為「距」，這些尖刺能讓牠們做出帶毒的踢擊！據人類受害者說，踢擊帶來的疼痛就像被數百隻黃蜂叮刺一樣。幸好，通常鴨嘴獸的攻擊目標只是其他的雄性鴨嘴獸。

環蚓螈

毒液驚魂

　　毒素和毒液是兩種不同的「施毒方式」。別人要主動接觸或進食有毒的動物，才會受毒素的影響；而會分泌毒液的動物，則會反過來透過針刺或咬嚙，將毒液注入獵物的體內。以下4種會分泌毒液的動物可說最為人意外！

雙重防衛

蚓螈也許是世界上最詭異的兩棲類動物，牠們看似一條巨大的蠕蟲，不能看東西，還會在泥土裏鑽來鑽去。這種古怪的動物有兩個防禦專用的殺手鐧，牠們的尾巴能產生毒素，而在另一端的顎部也含有毒液腺。這種產生毒液的能力，在兩棲類動物中極為罕見。

爪哇懶猴

汗液與毒液

靈長類動物就是指猿、猴所屬的哺乳類品種，當中只有一種成員能夠產生毒液——就是爪哇懶猴。爪哇懶猴也許樣子可愛又毛茸茸，不過牠的腋窩其實是致命武器。當牠們舔舐自己的汗腺時，毒素便會與唾液混合起來形成毒液，能夠令敵人的肌肉腐爛。牠們會用牠帶毒的咬嚙，來與其他懶猴打鬥。

布魯諾盔頭蛙

死亡之吻

許多青蛙擁有帶毒的皮膚以作防衛，不過科學家卻不認為有任何青蛙能分泌毒液，但直至2015年，研究人員終於發現，巴西有兩種小青蛙確實擁有毒液。牠們會用嘴唇上的細小骨質尖刺來輸出毒液，其中一種名叫布魯諾盔頭蛙，牠們的毒液威力強大，只需要1克便足以殺死80名人類！

箭毒蛙

絕命毒鳥

你只需要一隻手的手指，便能數算出所有有毒的鳥類品種。科學家發現的第一種有毒鳥類，就是黑頭林鵙鶲——不過，當地民眾早就對牠們的秘密瞭如指掌。

厲害的羽衣

千萬別去招惹黑頭林鵙鶲！牠們的羽毛和皮膚都充滿了毒素，這與南美洲的箭毒蛙身上的一模一樣。這種毒素的有效成分是箭毒蛙鹼（batrachotoxin，簡稱BTX），它會令肌肉癱瘓，讓目標無法動彈，也能引致心臟病發和死亡！

致命的飲食

黑頭林鵙鶲就像箭毒蛙一般，會透過食物獲得毒素。為什麼牠們要有毒呢？也許是為了嚇跑捕食者，若是如此，牠們一身橙色與黑色可能就是警示。而在黑頭林鵙鶲生活的地區中，有幾種鳥類的樣子和牠們非常相似，也許牠們故意模仿黑頭林鵙鶲的外表來保障自身的安全。

黑頭林鵙鶲在森林裏搜索，尋找新鮮的果實，那是牠們的主要食糧。

牠發現了一隻閃閃發亮、一身藍色與黃色的甲蟲。將甲蟲吞掉並吸收了牠的毒素，以後便大派用場了。

紅邊襪帶蛇

人們說「毒蛇有毒」往往是錯誤的說法，實質他們指的是「會分泌毒液的蛇」，反而「體內擁有毒素的蛇」極為罕有。少數真正有毒的毒蛇，就是棲息於加拿大和美國的紅邊襪帶蛇，牠們會透過吃掉水螈來獲得毒素，並將之儲存在體內，令自己變成有毒的蛇。

新幾內亞擁有另一種有毒的鳥——藍頂鶲鶇。也許還有更多毒鳥等待我們發現。

黑頭林鶪鶲

慘痛教訓

1990年，一位新幾內亞島嶼探索團隊的成員成為第一位體驗黑頭林鶪鶲如何防衛的科學家。當時他稍稍抓住一隻黑頭林鶪鶲來研究，沒多久他的手便開始出現燒灼似的疼痛。來自這片森林地區的居民將黑頭林鶪鶲稱為「垃圾鳥」，果然有根有據！

中英對照索引

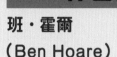

作者簡介

班·霍爾 (Ben Hoare)

一位科學作家及編輯，著作眾多，包括 *An Anthology of Intriguing animals*、*The Wonders of Nature*、*Nature's Treasures*、*The Secret World of Plants*、*Weird and Wonderful Nature* 等，全都大受讀者歡迎。他對大自然充滿興趣，熱衷於與人分享自然世界的知識。

繪者簡介

雅思亞·奧蘭多 (Asia Orlando)

數碼藝術家、插畫家和環保主義者，為書籍、雜誌、產品和海報繪圖。其作品着重動物、人類和環境之間的和諧關係。她也是社交平台 Our Planet Week 的創辦人，旨在透過社交媒體活動，集合插畫家的力量，解決環境問題。

鳴謝

謹向以下單位致謝，感謝他們允許使用照片：

(Key: a-above; b-below/bottom; c-centre; f-far; l-left; r-right; t-top)

6 **Dreamstime.com:** Blagodeyatel (bl). **naturepl.com:** Pascal Kobeh (tc); Bruce Thomson (cr). 7 **Alamy Stock Photo:** Ed Brown Wildlife (cr); Jared Hobbs / All Canada Photos (tc); Brian Parker (clb). **naturepl.com:** Eric Baccegà (br). 8 **Alamy Stock Photo:** Kumar Sriskandan (br). **Getty Images / iStock:** Searsie (cla). 9 **Alamy Stock Photo:** Michael & Patricia Fogden / Minden Pictures (tc). **naturepl.com:** Konrad Wothe (cr). 10 **Alamy Stock Photo:** Kirk Hewlett (br). 11 **naturepl.com:** Mark Carwardine (t). 12-13 **Alamy Stock Photo:** Sandesh Kadur / Nature Picture Library. 14 **Alamy Stock Photo:** Mike Parry / Minden Pictures (c). 15 **Alamy Stock Photo:** Claudio Contreras / Nature Picture Library (c). 16 **Alamy Stock Photo:** David Mann (br). **naturepl.com:** Fred Bavendam (tl). 17 **Alamy Stock Photo:** Chris Stenger / Buiten-Beeld (clb); Science History Images (tr); Kevin Schafer (c). **Dreamstime.com:** Nopadol Uengbunchoo (crb). 18 **Shutterstock.com:** Narek87. 19 **Alamy Stock Photo:** Mark Boulton (br). 20 **Alamy Stock Photo:** Chris Mattison / Nature Picture Library (t). 21 **Alamy Stock Photo:** Beth Watson / Stocktrek Images (b). **Science Photo Library:** L. Newman & A. Flowers (cl). 22 **naturepl.com:** Klein & Hubert (t). 23 **naturepl.com:** Terry Whittaker (r). 24 **Alamy Stock Photo:** Dan Sullivan (cr). 25 **naturepl.com:** Richard Du Toit. 26 **Alamy Stock Photo:** Jonathan Mbu (Pura Vida Exotics) (tr). **naturepl.com:** Barry Mansell (bl). 27 **Dreamstime.com:** Henner Damke (br). Trond H. Larsen: (tl). 28 **Alamy Stock Photo:** David Tipling Photo Library (r). 29 **Alamy Stock Photo:** Tui De Roy / Nature Picture Library (c). 30 **Alamy Stock Photo:** Morgan Trimble (t). 31 **naturepl.com:** Shane Gross (b). 32-33 **Alamy Stock Photo:** Ryohei Moriya / Associated Press. 34 **naturepl.com:** Luiz Claudio Marigo (c). 35 **Alamy Stock Photo:** Stephen Belcher / Minden Pictures (c). 36 **Alamy Stock Photo:** Suzi Eszterhas / Minden Pictures (cr); Survivalphotos (tl). 37 **Alamy Stock Photo:** blickwinkel / Teigler (tr); Ch'ien Lee / Minden Pictures (br). 38 **Alamy Stock Photo:** David Tipling Photo Library (c). 39 **Alamy Stock Photo:** blickwinkel / A. Hartl (c). 40-41 Jason Penney. 40 **Alamy Stock Photo:** Valentin Wolf / imageBROKER.com GmbH & Co. KG (bc). 41 Tom Keener: (cr). 42 **Alamy Stock Photo:** Cyril Ruoso / Nature Picture Library (tr). 43 **Alamy Stock Photo:** Thomas Marent / Minden Pictures. 44 **Alamy Stock Photo:** Richard Revels / Nature Photographers Ltd (b). 45 **Alamy Stock Photo:** Larry Doherty (t). 46 **Alamy Stock Photo:** Alf Jacob Nilsen (tr); Eng Wah Teo (cl). 47 **Alamy Stock Photo:** blickwinkel / AGAMI / V. Legrand (cr); Gabbro (cl). 49 NGA Manu Nature Reserve. 50 **Alamy Stock Photo:** Neil Bowman (r). 51 **Alamy Stock Photo:** Sebastian Kennerknecht / Minden Pictures (c). 52 **Alamy Stock Photo:** amana images inc. (tl); Richard Becker (crb). 53 **Alamy Stock Photo:** blickwinkel / H. Bellmann / F. Hecker (bl). **Shutterstock.com:** Agnieszka Bacal (cr). 54-55 **Alamy Stock Photo:** blickwinkel / Hartl (t). 56 **Alamy Stock Photo:** Stephane Granzotto / Nature Picture Library (b). 57 **BluePlanetArchive.com:** Jeremy Stafford-Deitsch (t). 58 **Alamy Stock Photo:** Remo Savisaar (c). 59 **Alamy Stock Photo:** Daniel Heuclin / Nature Picture Library (crb); VPC Animals Photo (c). 60 **Alamy Stock Photo:** cbimages (cra). **naturepl.com:** Dave Watts (br). 61 **123RF.com:** feathercollector (cb). **Alamy Stock Photo:** Heather Angel / Natural Visions (tl). 63 **Alamy Stock Photo:** Christian Ziegler / Danita Delimont, Agent (cra); Suzi Eszterhas / Minden Pictures (l). 64-65 **Science Photo Library:** Gregory Dimijian (t). 65 **naturepl.com:** Neil Bromhall (cra). 66 **Alamy Stock Photo:** imageBROKER / Emanuele Biggi (c). 67 **Alamy Stock Photo:** Jerry and Marcy Monkman / EcoPhotography.com (c); Jared Hobbs / All Canada Photos (cr). 68 **Ardea:** Paulo de Oliveira (tr); Paulo Di Oliviera (cl). 69 **Alamy Stock Photo:** Franco Banfi / Nature Picture Library (br). **Getty Images / iStock:** Yelena Rodriguez Mena (cl). 70-71 **Alamy Stock Photo:** Anton Sorokin (t). 72 **Alamy Stock Photo:** Will Watson / Nature Picture Library (b). 73 **Dreamstime.com:** Gabriel Rojo (c). 74 **Alamy Stock Photo:** D. Parer & E. Parer-Cook / Minden Pictures (tl); Pete Oxford / Minden Pictures (cr). 75 **Alamy Stock Photo:** Andrew Walmsley / Nature Picture Library (tl). **Shutterstock.com:** Leonardo Mercon (br). 76 **Dreamstime.com:** Dirk Ercken (tl). 77 **Alamy Stock Photo:** Daniel Heuclin / Biosphoto

Cover images: Front: Alamy Stock Photo: Tui De Roy / Nature Picture Library bl, Kevin Schafer / Minden Pictures br, Paul Bertner / Minden Pictures tl; **Dorling Kindersley:** Asia Orlando 2022 c; **naturepl.com:** Joel Sartore / Photo Ark tr; **Back: Alamy Stock Photo:** Beth Watson / Stocktrek Images br, Juan Carlos Munoz / Nature Picture Library tr, Alf Jacob Nilsen bl; **Dorling Kindersley:** Asia Orlando 2022 c; **naturepl.com:** Shane Gross tl

All other images © Dorling Kindersley

作者謹向以下人員致謝：

The super-fabulous creative team at DK, who took on my idea for this book and turned it into something special. A huge round of applause to my editor Abi Maxwell, ably assisted by James Mitchem, and to the entire design team – Charlotte Milner, Sonny Flynn, Bettina Myklebust Stovne, and Brandie Tully-Scott. You are the best in the business!

Asia Orlando, you have brought such wit and joy to the book with your gorgeous illustrations. Your work makes the book sing. Thanks too to my lovely agent Gill for being so supportive.

Above all, I want to thank our mind-blowing variety of fellow earthlings. Some of these creatures may be odd, but they are all wonderful, and we're so lucky to share this planet with them.

DK謹向以下人員致謝：

Olivia Stanford（編輯助理）；Polly Goodman（校對）；Helen Peters（製作索引）；Sakshi Saluja（照片搜集）；Roohi Rais（圖片支援）